BEI GRIN MACHT SICH IHR WISSEN BEZAHLT

- Wir veröffentlichen Ihre Hausarbeit, Bachelor- und Masterarbeit

- Ihr eigenes eBook und Buch - weltweit in allen wichtigen Shops

- Verdienen Sie an jedem Verkauf

Jetzt bei www.GRIN.com hochladen und kostenlos publizieren

AF671076

Bibliografische Information der Deutschen Nationalbibliothek:

Die Deutsche Bibliothek verzeichnet diese Publikation in der Deutschen Nationalbibliografie; detaillierte bibliografische Daten sind im Internet über http://dnb.d-nb.de/ abrufbar.

Dieses Werk sowie alle darin enthaltenen einzelnen Beiträge und Abbildungen sind urheberrechtlich geschützt. Jede Verwertung, die nicht ausdrücklich vom Urheberrechtsschutz zugelassen ist, bedarf der vorherigen Zustimmung des Verlages. Das gilt insbesondere für Vervielfältigungen, Bearbeitungen, Übersetzungen, Mikroverfilmungen, Auswertungen durch Datenbanken und für die Einspeicherung und Verarbeitung in elektronische Systeme. Alle Rechte, auch die des auszugsweisen Nachdrucks, der fotomechanischen Wiedergabe (einschließlich Mikrokopie) sowie der Auswertung durch Datenbanken oder ähnliche Einrichtungen, vorbehalten.

Impressum:

Copyright © 2018 GRIN Verlag
Druck und Bindung: Books on Demand GmbH, Norderstedt Germany
ISBN: 9783668902312

Dieses Buch bei GRIN:

https://www.grin.com/document/457791

Tim Eichler

Wieviel Vitamin C steckt in Paprika?

GRIN Verlag

GRIN - Your knowledge has value

Der GRIN Verlag publiziert seit 1998 wissenschaftliche Arbeiten von Studenten, Hochschullehrern und anderen Akademikern als eBook und gedrucktes Buch. Die Verlagswebsite www.grin.com ist die ideale Plattform zur Veröffentlichung von Hausarbeiten, Abschlussarbeiten, wissenschaftlichen Aufsätzen, Dissertationen und Fachbüchern.

Besuchen Sie uns im Internet:

http://www.grin.com/

http://www.facebook.com/grincom

http://www.twitter.com/grin_com

Seminararbeit aus dem
wissenschaftspropädeutischen Seminar
„Lebensmittelchemie " im Fach Chemie

Vergleich des Vitamin C-Gehalts in Gemüse

Angefertigt von	Tim Eichler
Abiturjahrgang	2017/19

G., den 5. November 2018

Inhaltsverzeichnis

I. Vitamin C und seine Bedeutung für den menschlichen Organismus

In den Zeiten von Fastfood und Fertiggerichten wird der Fokus auch immer mehr auf ausgewogene und nährstoffreichere Lebensmittel gerichtet. „Gesunde Ernährung" ist das Schlagwort, welches zwischenzeitlich in allen Bevölkerungsschichten angekommen ist. Oft begegnet man bei Recherchen den Vitaminen. Der Begriff „Vitamin" setzt sich aus den Wörtern „vita" (lat. für Leben) und „amin" (=stickstoffhaltig) zusammen.[1] [2] Vitamine sind lebensnotwendige, organische Verbindungen, die für den Stoffwechsel des menschlichen Körpers unentbehrlich sind. Aufgrund der Tatsache, dass sich Vitamine nicht durch ihre chemische Struktur, sondern durch ihre Wirkung definieren und in unterschiedliche Stoffklassen eingeteilt sind, können sie sich beim Stoffwechsel nicht gegenseitig ersetzen. Allgemein werden Vitamine in lipo- und hydrophile Verbindungen unterteilt, da sich durch das Löslichkeitsverhalten viele biologische Eigenschaften wie Absorption, Transport, Speicherung und Ausscheidung erklären lassen. Weiterhin ist hervorzuheben, dass der menschliche Organismus Vitamine nicht, beziehungsweise nicht in ausreichender Menge synthetisieren kann. Deshalb müssen Vitamine durch die Nahrung aufgenommen werden.[3] Wenn man sich über eine vitaminreiche Ernährung erkundigt, stößt man immer wieder auf die Ascorbinsäure, besser bekannt als Vitamin C. Der empfohlene Wert für Vitamin C liegt bei 100 Milligramm am Tag.[4] Dafür reichen schon ein paar Streifen roter Paprika (70 Gramm).[5] Zu beachten ist hierbei, dass „zwischen den Empfehlungen für die Nährstoffzufuhr einerseits und dem individuellen Nährstoffbedarf andererseits unterschieden werden" muss. „[Die] Empfehlungen für die Nährstoffzufuhr liegen höher als der durchschnittliche Nährstoffbedarf."[6] Als Hauptlieferanten von Ascorbinsäure gelten vor allem Obst und Gemüse, bei welchen jedoch schwankende Vitamin C-Gehaltswerte festzustellen sind. Die Spitze der Lieferanten bilden Zitrusfrüchte, Kohl und Paprika.[7]

Die Wirkungsweisen von Vitamin C sind sehr vielseitig. Eine wichtige Funktion ist seine stark reduzierende Wirkung. Es wird deshalb auch als Antioxidans bezeichnet.[8] „Es

---

[1] https://www.duden.de/rechtschreibung/Vitamin

[2] https://de.wikipedia.org/wiki/Vitamin#Benennung_von_Vitaminen

[3] Matissek, Bernhard/ Baltes, Werner 2016, S. 36 f.

[4] Elvira Martin/ Dr. Stefan Dörr 2010, S. 131

[5] Ebd., S. 292

[6] Matissek, Bernhard/ Baltes, Werner 2016, S. 43

[7] Elvira Martin/ Dr. Stefan Dörr 2010, S. 292

[8] Ebd., S. 130

fängt freie Radikale im Blut, im Gehirn, in den Körperzellen und direkt im Zellkern ab und macht sie unschädlich."[9]

Eine weitere Wirkungsweise ist die Umwandlung von Lysin und Prolin bei der Kollagensynthese. Diese ist für die Bildung und den Aufbau des Bindegewebes zuständig.[10]

Außerdem verbessert das Vitamin C die Kalzium- und Eisenresorption. Es beugt einem Mangel dieser vor und kann gleichzeitig für die Stärkung des Immunsystems nutzbar gemacht werden.[11] Des Weiteren stimuliert es die Cytochrom-P-450-Synthese. Diese ist notwendig für die Entgiftung toxischer Substanzen und Medikamente in der Leber.[12]

Eine wichtige Aufgabe des Vitamin C ist außerdem der Gefäßschutz. „Es wirkt präventiv bei allen mit Arteriosklerose verbundenen Krankheiten, da es das Blut dünnflüssig hält und somit den Blutfluss normalisiert."[13] Die Ascorbinsäure beinhaltet noch viele weitere Funktionen, die für den menschlichen Organismus von Bedeutung sind, jedoch sind diese nicht so essentiell wie die bereits oben genannten. Werden dem Körper die benötigten Vitamine gar nicht oder nicht in ausreichender Menge zugeführt, kommt es zu Vitaminmangelerscheinungen, auch bekannt als Avitaminose oder Hypovitaminose. „Bei völligem Fehlen von Vitamin C [(=Avitaminose)] kommt es zum Krankheitsbild des Skorbuts." Diese Mangelerkrankung gibt es schon seit Jahrhunderten und war vor allem in der Schifffahrt sehr verbreitet. Diese extremen Mangelerscheinungen treten vor allem in den Industrieländern kaum noch auf. Jedoch kommt es gerade in den Wintermonaten gelegentlich zu leichten Versorgungsschwierigkeiten (= Hypovitaminosen). Symptome für leichte Unterversorgung von Vitamin C sind Müdigkeit, Schlafstörungen, Appetitlosigkeit, Kopfschmerzen, Herzbeschwerden und Infektionsanfälligkeit.[14] Personengruppen, die am ehesten von einer Hypovitaminose gefährdet sind, sind Raucher, Schwangere, Stillende, Sportler und Personen, die großen psychischen Belastungen ausgesetzt sind.[15]

---

[9] https://www.zentrum-der-gesundheit.de/vitamin-c-mangel-ia.html#toc-die-aufgaben-des-vitamin-c

[10] Elvira Martin/ Dr. Stefan Dörr 2010, S. 131

[11] https://www.zentrum-der-gesundheit.de/vitamin-c-mangel-ia.html#toc-die-aufgaben-des-vitamin-c

[12] Elvira Martin/ Dr. Stefan Dörr 2010, S. 131

[13] https://www.zentrum-der-gesundheit.de/vitamin-c-mangel-ia.html#toc-die-aufgaben-des-vitamin-c

[14] Elvira Martin/ Dr. Stefan Dörr 2010, S. 292

[15] Ebd., S. 291

II. Quantitative Analyse von Vitamin C in Gemüse

1. Chemische Eigenschaften der Ascorbinsäure

Die Ascorbinsäure ist ein farbloser, kristalliner und sauer schmeckender Feststoff. Sie lässt sich gut in Wasser und Alkohol lösen und kann somit in die Gruppe der hydrophilen Vitamine eingeteilt werden. „[Das] im Vergleich zu anderen Vitaminen [...] [eher] einfach gebaute[...] Molekül“ zersetzt sich bei Temperaturen von über 169°C.[16] Weiterhin ist Vitamin C in gelöster Form leicht oxidierbar und wirkt somit antioxidativ.[17]

1.1 Struktur

Das Molekül der Ascorbinsäure besteht aus sechs Kohlenstoff-, acht Wasserstoff- und sechs Sauerstoffatomen. Daraus ergibt sich die Summenformel $C_6H_8O_6$. Die molare Masse des Moleküls beträgt 176,12 $\frac{g}{mol}$ und heißt nach der IUPAC–Nomenklatur

(R)-5-[(5)-1,2-Dihydroxyethyl]-3,4-dihydroxy-5H-furan-2-on.[18] Im Zentrum der Ascorbinsäure sind ein Sauerstoff- und vier Kohlenstoffatome, welche zusammen einen Lactonring bilden.[19] Das Vitamin

C-Molekül liegt hier im chemischen Gleichgewicht zwischen der Endiol- und Enol-Form vor. „Beide Formen unterscheiden sich nur durch die Position eines Wasserstoff-Atoms und einer Doppelbindung. Ein solches Gleichgewicht bezeichnet man [als] Enol-Keto-Tautomerie.“

Jedoch liegt im Gleichgewicht hauptsächlich die Endiol-Form vor, da diese stabiler ist.[20] Außerdem weist das Molekül noch eine primäre und eine sekundäre Hydroxylgruppe, an Position 5 und 6 auf (Abb.1).

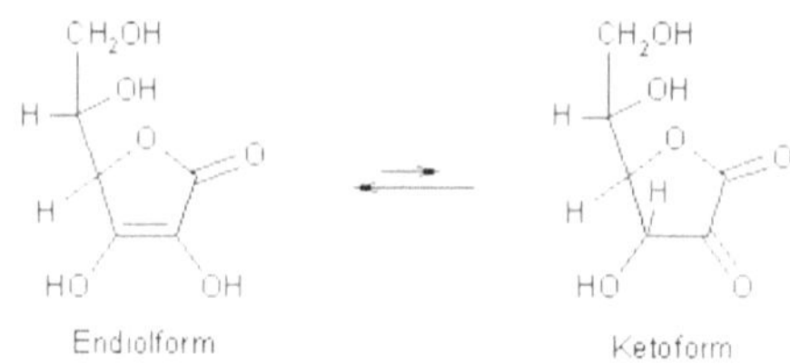

Abb. 1

---

[16] http://www.lcu.lucycity.de/index.php/vitamin-c/struktur-und-eigenschaften

[17] http://www.chemie.de/lexikon/Ascorbinsäure.html

[18] http://www.lcu.lucycity.de/index.php/vitamin-c/struktur-und-eigenschaften

[19] http://www.chemie.de/lexikon/Ascorbinsäure.html#Struktur

[20] http://www.lcu.lucycity.de/index.php/vitamin-c/struktur-und-eigenschaften

1.2 Stereochemie und Acidität

Die Ascorbinsäure kann in vier verschiedenen isometrischen Formen vorliegen, die alle optische Aktivität aufweisen. Das lässt sich dadurch begründen, dass „das 4. und 5. C-Atom jeweils Asymmetriezentren sind." Die Enantiomere L- und D-Ascorbinsäure und L- und D-Isoascorbinsäure verhalten sich wie Bild und Spiegelbild zueinander. Jedoch ist nur die L-Ascorbinsäure (Abb. 2) biologisch aktiv, „da die am Stoffwechsel beteiligten Enzyme spezifisch [...] [dieses Enantiomer] erkennen."[21] Außerdem ist das Vitamin C beträchtlich sauer, obwohl es keine „saure" funktionelle Gruppe besitzt. Ihr pK_S – Wert beträgt 4,2. Dies ist auf die Endiol-Struktur, die zweite enolische OH-Gruppe und auf die benachbarte Carbonylgruppe zurückzuführen. Die hohe saure Eigenschaft der Ascorbinsäure „profitiert" zusätzlich durch die Keto-Enol-Tautomerie, da sich das entstehende Enolat-Anion (Abb. 3, S. 17) dadurch stabilisieren kann.[22]

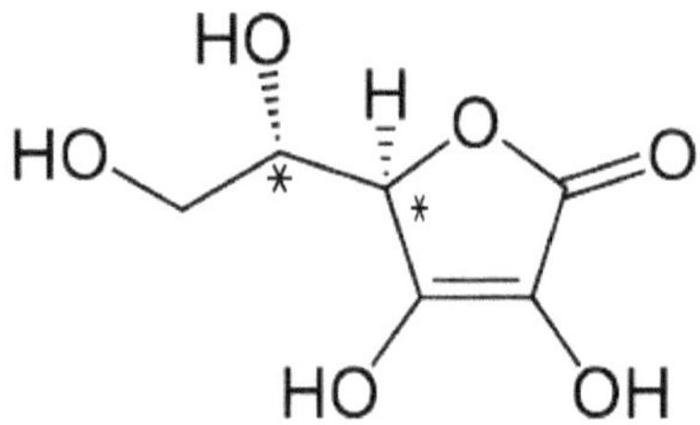

Abb.2

2. Experimentelle Bestimmung des Vitamin C-Gehalts

2.1 Theoretische Grundlagen des Versuchs

Um Vitamin C quantitativ zu bestimmen, führt man eine Titration mit Kaliumiodat durch. Eine solche titrimetrische Bestimmung von Stoffen mit Hilfe von Iod bezeichnet man als Iodometrie. Der Gehalt von Ascorbinsäure kann nicht direkt bestimmt werden. Aus diesem Grund ermittelt man diesen „indirekt über das Iod, das zusammen mit Stärke zu einer deutlichen Blaufärbung der Lösung führt." Das benötigte Iod entsteht, indem der Titrant Kaliumiodat KIO_3 (Iodat-Ionen) mit dem Analyten Kaliumiodid KI (Iodid-Ionen) im sauren Milieu reagiert. Dies erfolgt durch die folgende schematische Reaktion:

$$\mathbf{IO_3^- + 5\ I^- + 6\ H^+ \rightarrow 3\ I_2 + 3\ H_2O}$$

„Das Vitamin C reagiert wiederum mit dem entstanden Iod zu Iodid." Somit fungiert die Ascorbinsäure als Reduktionsmittel.[23]

---

[21] http://www.chemie.de/lexikon/Ascorbinsäure.html#Stereochemie

[22] http://www.chemie.de/lexikon/Ascorbinsäure.html#Acidit.C3.A4t

[23] Scharla, Tobias 2001, S. 6

$I_2 + 2\,e^- \leftrightarrow 2\,I^-$

Aufgrund dessen nimmt die Lösung nach einiger Zeit immer wieder ihre ursprüngliche Farbe an und behält nicht die charakteristische tiefblaue Färbung des Iod-Stärke-Komplexes.[24] Wenn „die Ascorbinsäure vollständig zu Dehydroascorbinsäure reagiert ist, bildet das Iod, welches nun nicht mehr zu Iodid-Ionen reduziert wird, zusammen mit der Stärke in der Lösung eine [...] tiefblaue Farbe."[25] Sobald der Äquivalenzpunkt erreicht ist, liest man die verbrauchte Menge der Kaliumiodatlösung an der Bürette ab. Anschließend führt man das Experiment noch mindestens zwei Mal durch, um ein chemisch-wissenschaftliches Ergebnis zu erhalten. Danach wird der Mittelwert aus den drei Versuchen gebildet:[26]

$$\bar{X} = \frac{x1+x2+x3}{3}$$

Diesen setzt man nun in die Formel:

$$m\,(g) = \frac{17{,}6}{1000} \cdot x$$

m ist hier die Masse an Vitamin C in Gramm und x, die in Millilitern verbrauchte Kaliumiodatlösung.[27]

„Zur Herleitung der Auswertungsgleichung wird zunächst die Reaktionsgleichung aufgestellt."

$IO_3^- + 3\,AscH_2 \rightarrow I^- + 3\,Asc_{ox} + 3\,H_2O$

Daraus erfolgt der Äquivalenzfaktor $\frac{1}{3}$, da drei Ascorbinsäuremoleküle mit einem Iodat-Ion reagieren. Das bedeutet, ein Mol Iodat ist drei Mol $AscH_2$ äquivalent.

„1 Liter $AscH_2$ ($c = 1\,\frac{mol}{l}$) entspricht 0,333 Liter Iodatlösung ($c = 1\,\frac{mol}{l}$)".

Die allgemeine Gleichung für volumetrische Titrationen lautet:

$V_1 \cdot c_1 = V_2 \cdot c_2$ oder $\frac{c1}{V2} = \frac{c2}{V1}$ oder $c_1 = \frac{V2}{V1} \cdot c_2$

Somit kann man die bisher gewonnenen Erkenntnisse in die allgemeine Gleichung einsetzen und erhält:

---

[24] http://www.lcu.lucycity.de/index.php/11-chemie/ag-vitamine/vitamin-c/31-quantitaive-bestimmung-mit-kaliumiodat

[25] Scharla, Tobias 2001, S. 6

[26] Ebd., S. 7

[27] http://www.chemieunterricht.de/dc2/citrone/c_v08g.htm

$\frac{c\ AscH2}{V\ Iodat} = \frac{C\ Iodat}{V\ AscH2}$ oder $c_{AscH2}\ (\frac{mol}{l}) = \frac{V\ Iodat\ (l)}{V\ AscH2\ (l)} \cdot c_{Iodat}\ (c = 0{,}333\ \frac{mol}{l})$

Da „aber die Gramm-Menge an $AscH_2$, die in irgendeiner Lösung [...] enthalten ist" interessiert, ergibt sich folgende Gleichung:

$$\frac{\text{Unbekannte Masse AscH2 (g) in der zu untersuchenden Lösung}}{\text{Verbrauchte Iodatlösung (ml)}\ (c=0{,}333\frac{mol}{l})} = \frac{176\ g}{1000\ ml\ \text{iodatlösung}\ (c=0{,}333\frac{mol}{l})}$$

Die molare Masse von Vitamin C ist circa 176 $\frac{g}{mol}$.

Aufgrund dessen entsprechen 176 Gramm Ascorbinsäure einem Liter Iodatlösung (c = 0,333 $\frac{mol}{l}$).

Um nun die Masse an $AscH_2$ in Gramm zu erhalten, muss die Gleichung umgestellt werden.

$$\text{Unbekannte Masse } AscH_2 \text{ (g) in der zu untersuchenden Lösung} = \frac{176\ g}{1000\ ml} \cdot \text{Verbrauchte Iodatlösung (ml) } (c = 0{,}333\ \frac{mol}{l})$$

Um noch eine feinere Steuerung der Titration zu erhalten, wird die Iodatlösung (c = 0,333 $\frac{mol}{l}$)

1 : 10 verdünnt. „Damit verringert sich auch die Masse der $AscH_2$, die einem Liter Iodatlösung äquivalent ist, auf 17,6 $\frac{g}{mol}$."

$$\text{Unbekannte Masse } AscH_2 \text{ (g) in der zu untersuchenden Lösung} = \frac{17{,}6\ g}{1000\ ml} \cdot \text{Verbrauchte Iodatlösung (ml) } (c = 0{,}0333\ \frac{mol}{l})$$ [28]

2.2 Benötigte Materialien und Chemikalien

Um die Ascorbinsäure quantitativ durch eine Titration mit Kaliumiodat zu bestimmen, verwendet man verschiedene Materialien und Chemikalien in unterschiedlicher Größe, Gewicht, Menge und Konzentration. Für diesen Versuch benötigt man eine Schutzbrille, einen Schutzmantel, eine Laborunterlage (hitzeresistent), einen Pürierstab, ein Sieb, mehrere Filterpapiere,

[28] http://www.chemieunterricht.de/dc2/asch2/a-berech.htm

einen Mixbecher, eine Laborwaage, zwei Spatel, vier Pipetten (5 ml), einen Bunsenbrenner, einen Magnetrührer mit einem Magnetrührstäbchen,[29] ein großes Becherglas (1l), drei Erlenmeyerkolben (250 ml), drei Bechergläser (100 ml), eine Bürette (50 ml), einen Standfuß, ein Stativ und eine Stativklemme. Außerdem benötigt man verdünnte Schwefelsäure (2 $\frac{mol}{l}$), lösliche Stärke sowie die Salze Kaliumiodat und Kaliumiodid und destilliertes Wasser.[30] [31] [32]

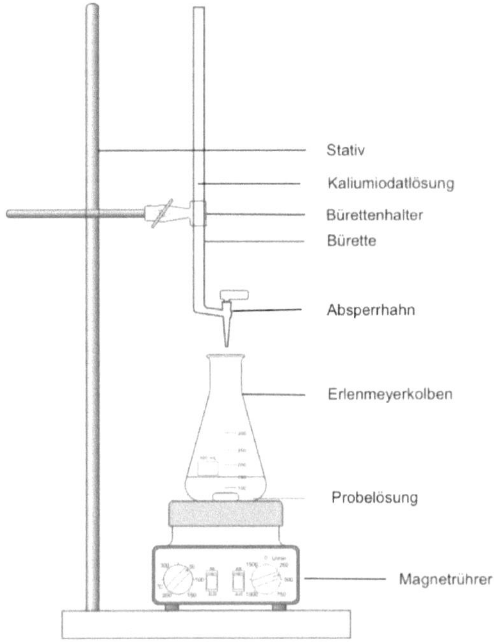

Abb. 4 (bearbeitet)

2.3 Durchführung und Bewertung bezogen auf Vitamin C-Gehalt beeinflussender Faktoren

Um diese Iodometrie durchzuführen, bedarf es zuerst einigen Vorbereitungen. Am Anfang werden die benötigten Materialien für den Versuch aufgebaut und übersichtlich sortiert. Danach müssen noch einige Reagenzien vorbereitet werden. Um die Kaliumiodatlösung mit der Konzentration 0,0333 $\frac{mol}{l}$ herzustellen,[33] löst man 7,13 Gramm Kaliumiodat in einem Liter destilliertem Wasser und verrührt dies sorgfältig mit dem Magnetrührer und dem Magnetrührstäbchen (vgl. Rechnung 1, S.17). Währenddessen vermischt man unter Hitzezufuhr 1 Gramm Stärke in 10 Millilitern

---

[29] http://www.chemie.de/lexikon/Magnetrührer.html

[30] Scharla, Tobias 2001, S. 6

[31] http://www.lcu.lucycity.de/index.php/11-chemie/ag-vitamine/vitamin-c/31-quantitaive-bestimmung-mit-kaliumiodat

[32] http://www.chemieunterricht.de/dc2/citrone/c_v08g.htm

[33] http://www.chemieunterricht.de/dc2/asch2/a-berech.htm

destilliertem Wasser und verrührt dies. Da die Kaliumiodidlösung bei Lichteinstrahlung leicht zerfällt und dadurch unbrauchbar wird, muss diese vor jedem Versuch erneut hergestellt werden.[34] [35] Dafür verrührt man erneut mit dem sauberen Magnetrührer und dem Magnetrührstäbchen 3,32 Gramm Kaliumiodid in 10 Millilitern destilliertem Wasser bis diese vollständig klar ist (vgl. Rechnung 2, S. 17).

Wenn diese Vorbereitungen getroffen wurden, kann man mit der titrimetrischen Bestimmung der Ascorbinsäure beginnen.

Zuerst püriert man das zu bestimmende Gemüse mit dem Pürierstab in einem Mixbecher zu einer breiförmigen Masse. Danach siebt und filtert man dieses Püree, damit Festkörper wie zum Beispiel Kerne oder Haut die Reaktion nicht stören, bis ein Gemüsesaft vorliegt. Anschließend füllt man 20 Milliliter des erhaltenen Saftes in einen Erlenmeyerkolben (250 ml) und gibt 5 Milliliter der verdünnten Schwefelsäure (2 $\frac{mol}{l}$) hinzu. Hierfür wird eine Pipette verwendet, welche nach jeder Benutzung gründlich mit destilliertem Wasser gereinigt werden muss. Das gilt generell für alle genutzten Pipetten, Spatel sowie Magnetrührer und Magnetrührstäbchen. Daraufhin gibt man ebenfalls mit einer Pipette 2 Milliliter der bereits hergestellten Stärkelösung in den Erlenmeyerkolben hinzu. Als nächstes füllt man 50 Milliliter der Kaliumiodatlösung in die Bürette. Nun stellt man die Kaliumiodidlösung mithilfe des Magnetrührers und des Magnetrührstäbchens her. Sobald diese vollständig klar ist, gibt man mit einer weiteren Pipette 2 Milliliter der Lösung in den Erlenmeyerkolben. Anschließend verrührt man die hergestellte Probe abermals mit dem Magnetrührset. Wenn alle diese Vorgänge durchgeführt wurden, kann man nun die Kaliumiodatlösung von der Bürette durch den Absperrhahn in den Erlenmeyerkolben tropfen lassen. Dies geschieht unter dauerhaftem Rühren des Magnetrührers. Das Titrieren mit der Kaliumiodatlösung darf erst bei dauerhaft bestehendem Farbumschlag gestoppt werden. Davor entfärbt das Vitamin C durch eine Reaktion mit dem entstandenen Iod das Gemisch. Der Äquivalenzpunkt ist erst erreicht, sobald keine Ascorbinsäure mehr in der Probe vorhanden ist. [36]

Dieses Experiment wird in den folgenden Seiten mit sechs verschiedenen Varianten der Paprika durchgeführt.

Als Referenz wurde zuerst mit einer frischen deutschen roten Paprika experimentiert. Dazu wurden eineinhalb frische deutsche rote Paprika in kleine Streifen geschnitten und mithilfe des Pürierstabes in einem Mixbecher zu einem Püree verarbeitet. Anschließend wurde die Paprikamasse gesiebt und gefiltert, bis reiner roter

---

[34] Scharla, Tobias 2001, S. 7

[35] http://www.chemieunterricht.de/dc2/citrone/c_v08g.htm

[36] http://www.lcu.lucycity.de/index.php/11-chemie/ag-vitamine/vitamin-c/31-quantitaive-bestimmung-mit-kaliumiodat

Paprikasaft entstanden ist. Weiterhin wurden die obengenannten Schritte befolgt und schließlich bis zum Äquivalenzpunkt titriert. Dieser Versuch wurde insgesamt drei Mal durchgeführt, um ein chemisch-wissenschaftliches Ergebnis zu erhalten.

Versuch 1	Versuch 2	Versuch 3	Mittelwert
1,3 ml	1,35 ml	1,25 ml	1,3 ml

Die in Milliliter angegebenen Werte entsprechen der für jeden Versuch benötigten Menge an Kaliumiodatlösung.

Der Mittelwert wurde durch die oben bereits genannte Formel ermittelt:

$\bar{X} = \frac{1{,}3\ ml + 1{,}35\ ml + 1{,}25\ ml}{3} = 1{,}3$ ml

Nun wird dieser Wert in die Formel zur Bestimmung des Vitamin C-Gehalts eingesetzt:

m (g) = $\frac{17{,}6}{1000} \cdot 1{,}3$ ml = 0,02288 Gramm

Diese Masse entspricht dem Vitamin C-Gehalt in Gramm pro 20 Milliliter frischen deutschen roten Paprikasaft. Da jedoch der Vitamin C-Gehalt meistens in Milligramm pro 100 Gramm angegeben wird, muss dieses Ergebnis mit dem Faktor 1000 und dem Faktor 5 multipliziert werden.

m (mg) = $\frac{17{,}6}{1000} \cdot \bar{X} \cdot 1000 \cdot 5 = 88 \cdot \bar{X}$

Daraus folgt:

m (mg) = 88 · 1,3 ml = 114,4 Milligramm Vitamin C pro 100 Gramm frischer deutscher roter Paprika

Ein literarischer Vergleichswert einer Nährwerttabelle gibt für eine frische rote Paprika einen Vitamin C-Gehalt von 140 mg pro 100 Gramm an.[37]

Dieser Unterschied des Anteils an Ascorbinsäure kann zum Beispiel auf einen nährstoffarmen Boden zurückgeführt werden. „Wissenschaftliche Untersuchungen haben gezeigt, dass die Faktoren Boden, [und] Witterung [...] den größten Einfluss auf die Qualität [und somit auch auf den Vitamin- und Mineralstoffgehalt] haben."[38] Auch Messungenauigkeiten sowie minimale Fehler beim Sieben und Filtern können sich negativ auf den Vitamin C-Gehalt ausgewirkt haben. Des Weiteren ist das Verfahren der titrimetrischen Bestimmung mit dem Farbumschlag durch die tiefblaue Färbung

---

[37] Heseker, Helmut/Heseker, Beate, S. 43

[38] https://www.bzfe.de/forum/index.php/forum/showExpMessage/id/41146/page1/3/searchstring/+/forumId/17

des Iod-Stärke-Komplexes nicht so genau wie andere Messmethoden, die in speziellen Labors verwendet werden.

2.3.1 Reifegrad

Abb. 5

Um zu überprüfen, ob der Vitamin C-Gehalt einer Paprika äquivalent zum Reifegrad ist, wurde das Experiment mit einer unreifen grünen frischen deutschen Paprika durchgeführt. Dafür wurden die bereits oben erklärten Schritte befolgt, bis ein reiner hellgrüner Paprikasaft entstanden ist. Danach wurde das Experiment drei Mal bis zum Farbumschlag durchgeführt und die benötigte Menge der Kaliumiodatlösung notiert.

Vermutung:

Da die Paprika noch nicht vollständig gereift ist und diese somit zu früh geerntet wurde, lässt sich die These aufstellen, dass diese weniger Vitamin C enthält als eine frische reife rote Paprika.

Versuch 1	Versuch 2	Versuch 3	Ergebnis
1,1 ml	1,05 ml	1,1 ml	1,08 ml

Die in Milliliter angegebenen Werte entsprechen der für jeden Versuch benötigten Menge an Kaliumiodatlösung.

Der Mittelwert wurde durch die oben bereits genannte Formel ermittelt:

$$\bar{X} = \frac{1{,}1\ ml + 1{,}05\ ml + 1{,}1\ ml}{3} = 1{,}08\ \text{ml}$$

Nun wird dieser Wert in die Formel zur Bestimmung des Vitamin C-Gehalts eingesetzt, welche in 2.3 ermittelt wurde:

m (mg) = 88 · 1,08 ml = 95,04 Milligramm Vitamin C pro 100 Gramm unreifer grüner frischer deutscher Paprika

Ein literarischer Vergleichswert einer Nährwerttabelle gibt für eine frische grüne Paprika einen Vitamin C-Gehalt von 115 mg pro 100 Gramm an.[39] Diese Abweichung von circa 20 Milligramm lässt sich auf die gleichen Gründe wie bei der frischen roten Paprika zurückführen.

Aus diesem Ergebnis lässt sich schließen, dass der Reifegrad Einfluss auf den Vitamin C-Gehalt in einer Paprika hat. Der Grund für den Unterschied von 19,36 Milligramm

[39] Heseker, Helmut/Heseker, Beate, S. 43

Ascorbinsäure pro 100 Gramm lässt sich auf die längere Nähr- und Mineralstoffzufuhr zurückführen.

2.3.2 Zubereitung

Zur Ermittlung, welchen Einfluss die Zubereitung auf den Vitamin C-Gehalt hat, wurde die frische deutsche rote Paprika in längliche Streifen geschnitten und dann für sechs Minuten bei circa 250 Grad gegrillt. Nach Abkühlen der Paprika wurden erneut die Schritte bis zum Erhalten des reinen roten Paprikasaftes durgeführt und anschließend nach den Bestimmungen des oben genannten Versuchs titriert und die Menge an verbrauchter Kaliumiodatlösung notiert.

Vermutung:

Durch das Grillen beziehungsweise das Erhitzen der Paprika sinkt der Vitamin C-Gehalt gegenüber einer frischen Paprika.

Versuch 1	Versuch 2	Versuch 3	Ergebnis
1,05 ml	1,0 ml	1,0 ml	1,02 ml

Die in Milliliter angegebenen Werte entsprechen der für jeden Versuch benötigten Menge an Kaliumiodatlösung.

Abb. 6

Der Mittelwert wurde durch die oben bereits genannte Formel ermittelt:

$\bar{X} = \frac{1{,}05\,ml + 1\,ml + 1\,ml}{3} = 1{,}02$ ml

Nun wird dieser Wert in die Formel zur Bestimmung des Vitamin C-Gehalts eingesetzt, welche in 2.3 ermittelt wurde:

m (mg) = 88 · 1,02 ml = 89, 76 Milligramm Vitamin C pro 100 Gramm gegrillte deutsche rote Paprika

Anhand von diesem Ergebnis lässt sich folgern, dass durch die hohe Hitzezufuhr beim Grillen der Paprika der Gehalt der Ascorbinsäure gesunken ist. Der Unterschied zu dem frischen Gemüse beträgt 24,64 Milligramm pro 100 Gramm. Aufgrund der Hitzeempfindlichkeit von Vitamin C werden bei den hohen Temperaturen von über 169°C während des Grillens

Ascorbinsäuremoleküle zerstört. Der Unterschied zu dem frischen Gemüse beträgt deshalb 24,64 Milligramm pro 100 Gramm. [40]

2.3.3 Verarbeitung

Hierfür wurde das 720 ml Glas geviertelter roter regionaler feinsauer eingelegter Paprika des Herstellers Heiss verwendet. Zur Konservierung in einem Glas wird für diese rote regionale Paprika Branntweinessig, Salz und der Süßstoff Saccharin benötigt.[41] [42] Um zu überprüfen, ob der Vitamin C-Gehalt der Paprika bei dem Vorgang der Konservierung sinkt, wurde das Experiment erneut durchgeführt. Dafür wurden die bereits geviertelten Paprika püriert, gesiebt und gefiltert bis ein reiner roter Paprikasaft entstanden ist. Als Nächstes wurde der Versuch drei Mal bis zum Farbumschlag absolviert und die benötigte Menge der Kaliumiodatlösung notiert.

Abb. 7

Vermutung:

Durch den Konservierungsvorgang und die Zugabe von Brandweinessig, Salz und Saccharin sinkt der Vitamin C-Gehalt in der Paprika.

Versuch 1	Versuch 2	Versuch 3	Ergebnis
0,7 ml	0,65 ml	0,7 ml	0,68 ml

Die in Milliliter angegebenen Werte entsprechen der für jeden Versuch benötigten Menge an Kaliumiodatlösung.

Der Mittelwert wurde durch die oben bereits genannte Formel ermittelt:

$$\overline{X} = \frac{0,7\ ml + 0,65\ ml + 0,7\ ml}{3} = 0,68 \text{ ml}$$

Nun wird dieser Wert in die Formel zur Bestimmung des Vitamin C-Gehalts eingesetzt, welche in 2.3 ermittelt wurde:

m (mg) = 88 · 0,68 ml = 59,84 Milligramm Vitamin C pro 100 Gramm roter regionaler feinsauer eingelegter deutscher Paprika

---

[40] http://www.chemie.de/lexikon/Ascorbinsäure.html

[41] http://www.heiss-delikatessen.de/produkte/

[42] https://www.wurst-paket.de/vorratskammer/konserven/1072/heiss-tomatenpaprika-geviertelt-720ml

Ein literarischer Vergleichswert einer Nährwerttabelle gibt für eine Konserve mit roter Paprika einen Vitamin C Gehalt von 35 Milligramm pro 100 Gramm an.[43]

Es kann festgestellt werden, dass der Konservierungsvorgang und die Zugabe der genannten Zutaten einen deutlichen Einfluss auf den Anteil der Ascorbinsäure in der roten Paprika hat. Eine mögliche Erklärung für den Unterschied von 54,56 Milligramm Vitamin C pro 100 Gramm wäre, dass der Branntweinessig, der sich in und an der Paprika befand, den roten Paprikasaft verdünnt hat. Außerdem wird die Paprika während des Konservierungsverfahren deutlich erhitzt, um diese länger haltbar zu machen. Dadurch werden Vitamin C-Moleküle zerstört (vgl. 2.3.2).

2.3.4 Lagerung

Um zu überprüfen, ob die Lagerung einen Einfluss auf den Vitamin C-Gehalt hat, wurden tiefgekühlte rote Paprikastreifen des Discounters Edeka verwendet. Diese wurden für den Versuch zuerst in einem Sieb aufgetaut und danach in einen reinen roten Paprikasaft weiter verarbeitet. Daraufhin wurde drei Mal die titrimetrische Bestimmung mit Hilfe von Iod durchgeführt.

Vermutung:

Allgemein ist die Ansicht verbreitet, dass tiefgekühltes Gemüse im Vergleich zu frischem einen ähnlichen oder eventuell sogar höheren Vitamin C-Gehalt aufweist. Edeka wirbt hier mit erntefrisch tiefgefrorenen Paprikastreifen, die im Schnellfrost-Verfahren verarbeitet wurden, um Vitamin-Verluste bei Transport, Verarbeitung und Zubereitung zu reduzieren.

Abb. 8

Versuch 1	Versuch 2	Versuch 3	Ergebnis
0,7 ml	0,75 ml	0,85 ml	0,77 ml

Die in Milliliter angegebenen Werte entsprechen der für jeden Versuch benötigten Menge an Kaliumiodatlösung.

Der Mittelwert wurde durch die oben bereits genannte Formel ermittelt:

$$\bar{X} = \frac{0{,}7\,ml + 0{,}75\,ml + 0{,}85\,ml}{3} = 0{,}77\text{ ml}$$

[43] Heseker, Helmut/Heseker, Beate, S. 43

Nun wird dieser Wert in die Formel zur Bestimmung des Vitamin C-Gehalts eingesetzt, welche in 2.3 ermittelt wurde:

m (mg) = 88 · 0,77 ml = 67,76 Milligramm Vitamin C pro 100 Gramm pro roter tiefgekühlter Paprika

Dieses Ergebnis ist durchaus überraschend, da einige Studien und Experimente nachweisen, dass tiefgekühltes Gemüse annähernd so viel Vitamin C enthält wie die frische länger gelagerte Variante.[44]

Dieses Experiment konnte diese These jedoch nicht bekräftigen, da ein Unterschied von 46,64 Milligramm pro 100 Gramm zu verzeichnen ist.

2.3.5 Anbaugebiet

Um einen Einfluss von unterschiedlichen Anbaugebieten zu überprüfen, wurde für das letzte Experiment eine frische belgische rote Paprika verwendet. Der Vorgang des Experiments erfolgte wie bei 2.3 mit der frischen deutschen roten Paprika. Auch dieses Mal wurde der Versuch dreifach durchgeführt und die verbrauchte Menge an Kaliumiodatlösung festgehalten.

Abb. 9

Vermutung:

Die frische belgische rote Paprika enthält identisch viel Vitamin C wie die frische deutsche rote Paprika.

Versuch 1	Versuch 2	Versuch 3	Ergebnis
1,05 ml	1,1 ml	1,05 ml	1,07 ml

Die in Milliliter angegebenen Werte entsprechen der für jeden Versuch benötigten Menge an Kaliumiodatlösung.

Der Mittelwert wurde durch die oben bereits genannte Formel ermittelt:

$$\bar{X} = \frac{1{,}05\ ml + 1{,}1\ ml + 1{,}05\ ml}{3} = 1{,}07\ \text{ml}$$

Nun wird dieser Wert in die Formel zur Bestimmung des Vitamin C-Gehalts eingesetzt, welche in 2.3 ermittelt wurde:

[44] https://www.apotheken-umschau.de/Ernaehrung/Tiefkuehlkost-oder-frisches-Gemuese-besser-436921.html

m (mg) = 88 · 1,07 ml = 94,16 Milligramm Vitamin C pro 100 Gramm pro frischer belgischer roter Paprika

Ein literarischer Vergleichswert einer Nährwerttabelle gibt für eine frische rote Paprika einen Vitamin C-Gehalt von 140 mg pro 100 Gramm an. Anhand dieses Experiments lässt sich folgern, dass die belgische Variante einen erheblich niedrigeren Ascorbinsäureanteil enthält. Der Unterschied beläuft sich auf 20,24 Milligramm pro 100 Gramm. Dies könnte zum einen auf die eventuell längere Lagerung zurückzuführen sein, da Ascorbinsäuremoleküle bei ständiger Sauerstoffzufuhr während des Oxidationsprozesses unter Abgabe zweier Wasserstoff-Ionen (H^+) und zweier Elektronen (e^-), reversibel zu Dehydroascorbinsäure reagieren (vgl. Abb. 10, S. 17). Außerdem könnte der Nährstoffgehalt des Bodens eine ausschlaggebende Rolle gespielt haben, da laut einem Experten des Bundeszentrums für Ernährung der Boden im Äquivalent zur Qualität und somit auch zum Vitamingehalt eines Gemüses steht.[45]

III. Fazit

In den fünf Experimenten der praktischen Reihe wurde versucht, die Paprika auf angebliche Vitamin C beeinflussende Faktoren zu testen. „Jedoch können [...] [diese] Titrationsergebnisse nur die prinzipiellen Auswirkungen beschrieben, da bekanntlich die Möglichkeiten eines Schullabors begrenzt sind. Weiterhin kann „das Verfahren der Iodometrie mit dem Farbumschlag durch“ den Iod-Stärke-Komplex nicht mit anderen physikalischen Messmethoden, die in speziellen Labors genutzt werden, verglichen werden.[46] Auch waren die Versuchsproben nur Stichproben aus dem Sortiment, somit können die Versuchsergebnisse nicht generalisiert werden. Um genauere Aussagen treffen zu können, müsste der Versuch öfter und mit mehreren verschiedenen Paprika durchgeführt werden. Trotzdem war bei allen Versuchen eine klare Tendenz zu erkennen. Daraus folgt, dass Paprika nicht bei hohen Temperaturen zubereitet werden sollte. Jedoch ist hier die Zeit der ausschlaggebende Faktor, da je länger die Paprika hohen Temperaturen ausgesetzt ist, beziehungsweise je höher die Temperatur ist, desto niedriger wird der Anteil der Ascorbinsäure. Außerdem empfiehlt es sich nicht konservierte Paprika zu kaufen, da bei dem Konservierungsverfahren und durch die Zugabe anderer Lebensmittel der Vitamin C-Gehalt stark reduziert wird. Des Weiteren sollte auf das Waschen der Paprika weitestgehend verzichtet werden, da das Vitamin C hydrophil ist und es sich somit bei dem Waschvorgang löst und dann weggespült wird. Ebenfalls sollte noch darauf geachtet werden, dass die Paprika nicht zu lange an

---

[45] https://www.bzfe.de/forum/index.php/forum/showExpMessage/id/41146/page1/3/searchstring/+/forumId/17

[46] https://www.hans-riegel-fachpreise.com/fileadmin/hans-riegel-fachpreise/Module/ausgezeichnete-arbeiten/hans-riegel-fachpreise-seminararbeit-vwa-2015-reichel.pdf , S.19

der Luft gelagert wird, da sich sonst gleichermaßen der Anteil an Ascorbinsäure verringert.[47] Eingefrorene Paprika ist nach dieser Versuchsreihe ebenso keine gute Alternative zum frischen Gemüse, jedoch belegen zahlreiche Studien und Artikel, dass eingefrorenes Gemüse annähernd dieselben Vitamingehalte aufweisen.

Aus den Ergebnissen der Versuche lässt sich schließen, dass Vitamin C anfällig für viele verschiedene Einfluss- und Umweltfaktoren ist. Bei den durchgeführten Experimenten wurden einige ausgewählte und gängige Varianten der Paprika verwendet. Natürlich gibt es noch einige weitere Vitamin C-Gehalts beeinflussende Faktoren, die hier nicht experimentell beachtet wurden, jedoch würde diese Ausführlichkeit den Rahmen einer Seminararbeit deutlich überschreiten.

Abschließend lässt sich sagen, dass ein Einkauf von frischer Paprika beziehungsweise allgemein von frischem Gemüse zu empfehlen ist. „Das Waschen und Kochen sollte gänzlich vermieden werden, dagegen sind Schmutz-abbürsten und Dünsten bessere Alternativen."[48] Vitamin C Supplemente sind nicht notwendig, da schon ein paar Streifen frische rote Paprika (70 Gramm) reichen, um den empfohlenen Wert von 100 Milligramm Vitamin C am Tag zu erfüllen. Bei einmaligem nicht erreichen des Vitamin C-Bedarfs treten nicht sofort Mangelerscheinungen auf. Dafür besitzt der menschliche Organismus eine sogenannte Reservekapazität, welche bei gefülltem Speicher bei Vitamin C zwei bis vier Monate beträgt.[49]

---

[47] https://www.hans-riegel-fachpreise.com/fileadmin/hans-riegel-fachpreise/Module/ausgezeichnete-arbeiten/hans-riegel-fachpreise-seminararbeit-vwa-2015-reichel.pdf , S. 20 f.

[48] Ebd. , S. 21

[49] Matissek, Bernhard/ Baltes, Werner 2016, S. 45

IV. Anhang

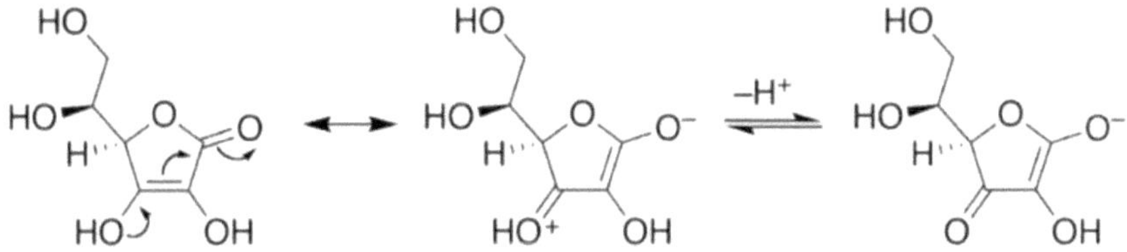

Abb. 3

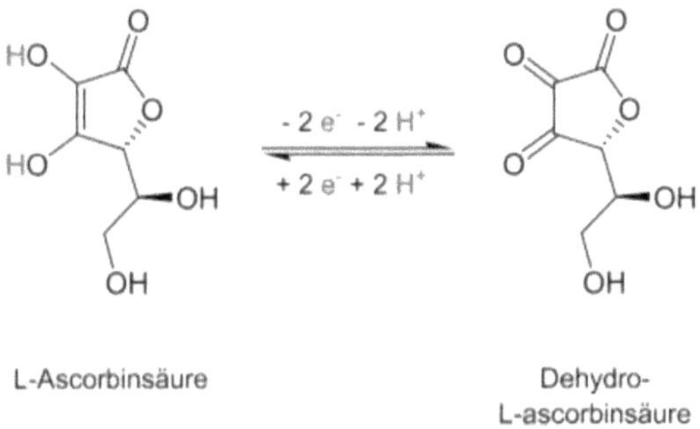

Abb. 10 (bearbeitet)

Rechnung 1

Gegeben: c (Kaliumiodatlösung) = 0,0333 $\frac{mol}{l}$; V (H_2O) = 1 l

Gesucht: m (KIO_3)

m (g) = n ($\frac{mol}{l}$) $*$ M ($\frac{g}{mol}$)

n ($\frac{mol}{l}$) = c ($\frac{mol}{l}$) $*$ V (l)

m (g) = c ($\frac{mol}{l}$) $*$ V (l) $*$ M ($\frac{g}{mol}$)

m (KIO_3) = 0,0333 $\frac{mol}{l}$ $*$ 1 l $*$ (39,1 + 126,9 + 3 $*$ 16) $\frac{g}{mol}$ = 7,13 g

Rechnung 2

Gegeben: c (Kaliumiodidlösung) = 2 $\frac{mol}{l}$; V (H_2O) = 1 l

Gesucht: m (KIO_3)

m (g) = c ($\frac{mol}{l}$) $*$ V (l) $*$ M ($\frac{g}{mol}$)

m (KIO_3) = 2 $\frac{mol}{l}$ $*$ 0,01 l $*$ (39,1 + 126,9) $\frac{g}{mol}$ = 3,32 g

V. Literaturverzeichnis

5.1 Bücherquellen

Elvira Martin/Dr. Stefan Dörr: Ernährung und Stoffwechsel. für das Berufliche Gymnasium. 2. Auflage, Köln 2010

Heseker, Helmut/Heseker, Beate: Die Nährwerttabelle. 2. Auflage, Neustadt an der Weinstraße 2012

Matissek, Bernhard/ Baltes, Werner: Lebensmittelchemie. 8. Auflage, Heidelberg 2016

Scharla, Tobias: Iodometrische Bestimmung von Ascorbinsäure (Vitamin C), 2001

5.2 Internetquellen

Fritz, Dagmar (2017): Tiefkühlkost oder frisches Gemüse besser?. Frisches Obst und Gemüse gilt als vitaminreich. Trifft das auch auf Tiefkühlware zu? Was von Gefriergemüse zu halten ist. https://www.apotheken-umschau.de/Ernaehrung/Tiefkuehlkost-oder-frisches-Gemuese-besser-436921.html (Stand: 01.11.2018)

Planer, Joerg (2012): Expertenforum: Obst- und Gemüsegarten. https://www.bzfe.de/forum/index.php/forum/showExpMessage/id/41146/page1/3/searchstring/+/forumId/17 (Stand: 29.10.2018)

Reichel, Felix (2015): Negative Umwelteinflüsse auf den Vitamin C-Gehalt verschiedener Lebensmittel. https://www.hans-riegel-fachpreise.com/fileadmin/hans-riegel-fachpreise/Module/ausgezeichnete-arbeiten/hans-riegel-fachpreise-seminararbeit-vwa-2015-reichel.pdf (Stand: 02.11.2018)

Wiechoczek, Dagmar (2006): Herleitung der Auswertungsgleichung zur Redoxtitration von Ascorbinsäure mit Iodat. http://www.chemieunterricht.de/dc2/asch2/a-berech.htm (Stand: 20.08.2018)

Wiechoczek, Dagmar (2005): Versuch: Quantitative Bestimmung von Ascorbinsäure mit Kaliumiodat. http://www.chemieunterricht.de/dc2/citrone/c_v08g.htm (Stand: 18.08.2018)

Bibliographisches Institut GmbH (2018): Duden. Vitamin, das. https://www.duden.de/rechtschreibung/Vitamin (Stand: 12.10.2018)

Feinsaure Heiss Delikatessen, Landes GmbH: Produkte. Feinsaures. http://www.heiss-delikatessen.de/produkte/ (Stand: 31.10.2018)

Lucycity University (2016): Quantitative Bestimmung mit Kaliumiodat. http://www.lcu.lucycity.de/index.php/vitamin-c/struktur-und-eigenschaften (Stand: 19.08.2018)

Lucycity University (2016): Quantitative Bestimmung mit Kaliumiodat. http://www.lcu.lucycity.de/index.php/11-chemie/ag-vitamine/vitamin-c/31-quantitaive-bestimmung-mit-kaliumiodat (Stand: 19.08.2018)

LUMITOS (2018): Chemie.de. Ascorbinsäure. http://www.chemie.de/lexikon/Ascorbinsäure.html (Stand: 24.10.2018)

LUMITOS (2018): Chemie.de. Ascorbinsäure. http://www.chemie.de/lexikon/Ascorbinsäure.html#Acidit.C3.A4t (Stand: 24.10.2018)

LUMITOS (2018): Chemie.de. Magnetrührer. http://www.chemie.de/lexikon/Magnetrührer.html (Stand: 27.10.2018)

LUMITOS (2018): Chemie.de. Ascorbinsäure. http://www.chemie.de/lexikon/Ascorbinsäure.html#Stereochemie (Stand: 24.10.2018)

LUMITOS (2018): Chemie.de. Ascorbinsäure. http://www.chemie.de/lexikon/Ascorbinsäure.html#Struktur (Stand: 24.10.2018)

Neosmart Consulting AG (2018): Zentrum der Gesundheit. Vitamin C – ein Allroundgenie. https://www.zentrum-der-gesundheit.de/vitamin-c-mangel-ia.html#toc-die-aufgaben-des-vitamin-c (Stand: 12.10.2018)

Wikimedia (10.07.2018): Vitamin. https://de.wikipedia.org/wiki/Vitamin#Benennung_von_Vitaminen (Stand: 12.10.2018)

Wurst-Paket.de: Heiss Tomatenpaprika geviertelt 720 ml. https://www.wurst-paket.de/vorratskammer/konserven/1072/heiss-tomatenpaprika-geviertelt-720ml (Stand: 31.10.2018)

VI. Abbildungsverzeichnis

Abbildung 1: Liebelt, Kristin/Machill, Susanne/Salzer, Reiner/u. a.: Historisches und chemische Eigenschaften von Vitamin C. Isomerie Vitamin C. http://www.chemgapedia.de/vsengine/vlu/vsc/de/ch/3/anc/vitamin_c/allgemeines_und_chemie.vlu/Page/vsc/de/ch/3/anc/vitamin_c/2_chemie/2_2_isomerie/isomerie_m87ht0801.vscml.html (Stand: 24.10.2018)

Abbildung 2: Wikimedia (14.10.2018): Ascorbinsäure. https://de.wikipedia.org/wiki/Ascorbinsäure (Stand: 24.10.2018)

Abbildung 3: Wikiwand: Enol. http://www.wikiwand.com/en/Enol (Stand: 24.10.2018)

Abbildung 4: W. Hölzel – Biologie und Chemie (2018): Estergleichgewicht. https://www.w-hoelzel.de/chemie/1-und-2-jahrgangsstufe/gleichgewichtsreaktionen/2-5-estergleichgewicht (bearbeitet) (Stand 26.10.2018)

Abbildung 5: Während des Experimentierens aufgenommen – pürieren

Abbildung 6: Während des Experimentierens aufgenommen – Farbumschlag

Abbildung 7: Während des Experimentierens aufgenommen – Versuchsaufbau

Abbildung 8: Während des Experimentierens aufgenommen – Versuchsaufbau

Abbildung 9: Während des Experimentierens aufgenommen – klein geschnittene Paprika

Abbildung 10: Baetz, Heiner/Bezugla, Evgeniya/Liebelt, Kristin/u. a.: Quantitative Bestimmung von Vitamin C. Problemstellung. http://www.chemgapedia.de/vsengine/vlu/vsc/de/ch/3/anc/vitamin_c/quant_analytik.vlu/Page/vsc/de/ch/3/anc/vitamin_c/4_quanti/4_1_problem/probl_m87ht0801.vscml.html (bearbeitet) (Stand: 01.11.2018)

BEI GRIN MACHT SICH IHR WISSEN BEZAHLT

- Wir veröffentlichen Ihre Hausarbeit, Bachelor- und Masterarbeit
- Ihr eigenes eBook und Buch - weltweit in allen wichtigen Shops
- Verdienen Sie an jedem Verkauf

Jetzt bei www.GRIN.com hochladen und kostenlos publizieren